真是令人大开眼界呀!

19 帽子

[法] 安娜-贝内迪克特·施维贝尔 编　欧瑜 译

中信出版集团 | 北京

图书在版编目（CIP）数据

真是令人大开眼界呀！. 19, 帽子 /（法）安娜 - 贝内迪克特 · 施维贝尔编 ; 欧瑜译 . -- 北京 : 中信出版社 , 2023.11

ISBN 978-7-5217-5850-4

Ⅰ . ①真… Ⅱ . ①安… ②欧… Ⅲ . ①科学知识 - 儿童读物②帽 - 儿童读物 Ⅳ . ① Z228.1 ② TS941.721-49

中国国家版本馆 CIP 数据核字（2023）第 120258 号

GEORGES-DRÔLE DE MAGAZINE POUR ENFANTS/N° CHAPEAU
Copyright © 2019 Editions Maison Georges
Georges is a registered trademark by Editions Maison Georges.
This edition was published by arrangement with The Picture Book Agency, France and Ye Zhang Agency. All rights reserved.
Simplified Chinese translation copyright © 2023 by CITIC Press Corporation
ALL RIGHTS RESERVED

本书仅限中国大陆地区发行销售

真是令人大开眼界呀！ 19 帽子

编　　者：[法] 安娜 - 贝内迪克特 · 施维贝尔
译　　者：欧瑜
出版发行：中信出版集团股份有限公司
（北京市朝阳区东三环北路27号嘉铭中心　邮编　100020）
承 印 者：北京尚唐印刷包装有限公司

开　　本：889mm × 1194mm　1/16　　印　　张：2.75　　字　　数：66千字
版　　次：2023年11月第1版　　印　　次：2023年11月第1次印刷
京权图字：01-2023-1613
书　　号：ISBN 978-7-5217-5850-4
定　　价：398.00元（全20册）

出　　品：中信儿童书店
图书策划：小飞马童书
总 策 划：赵媛媛
策划编辑：张婷
责任编辑：许美琳
营　　销：中信童书营销中心
美术设计：谢佳静
内文排版：王莹

版权所有 · 侵权必究
如有印刷、装订问题，本公司负责调换。
服务热线：400-600-8099
投稿邮箱：author@citicpub.com

目 录

我是乔治，我出现在书中的各处，准备和你一起阅读。

长故事

夏洛克·福尔摩斯
和
麦隆案
纪尧姆·佩罗

福尔摩斯……您今晚怎么话不多啊?
（打哈欠）
我只是没有说出来罢了。如果我没看错时间的话，我们该走了吧?
啊！走之前再来一局桥牌吧！该我了……

轰
隆
隆
啊啊啊啊啊！
咔嗒
哎哟，被打断了一会儿。那么，麦隆先生，现在是轮到您来发牌了吗？
啊啊啊！
我的……我的帽子！不见了！
它肯定是掉到地上了……别慌，不过是顶帽子而已。

显然，饱受秃头之苦的
不是您啊！
我的天！您拿这个篮子遮一下
吧，怪可怜的。
呜呜呜。
先生们、女士们，毫无疑问，这里发生了
一起盗窃案！
啊啊啊！
福尔摩斯先生，您真的这么
觉得吗？
是的，可怜的
麦隆……
这样令人发指的罪行只可能是某个想伤害您的
坏人犯下的。

调查就从您开始吧，碧碧夫人！
啊！
过分！您怎么敢?！
这很好理解，碧碧夫人。在喝开胃酒的时候我就注意到了……
麦隆又在炫富，这让您妒火中烧，在他来之前，您是最富有的！您偷他的帽子是为了让他闭嘴。
简直可笑，福尔摩斯，我可以给自己买一千顶帽子，比你们的都漂亮，我无须向任何人证明什么！

我还没说完呢，碧碧夫人……现在到您了，菲兹，我的老伙计……
我吗，福尔摩斯先生？
是的，您还记得在吃饭的时候……
麦隆先生吃得狼吞虎咽，这可把您给气坏了，不是吗？您偷他的帽子是为了教训他不懂礼仪，对吧？
嗯……是的……麦隆先生吃相极差……
喂！
可我是有原则的，作为一名绅士，我是永远不会偷东西的！

既然菲兹这么说了，那还有一个嫌疑人……
哎哟，福尔摩斯……您总不会指控您的老朋友吧？呃呃……
我们玩桥牌的时候我可瞅着您呢，斯泰松……
麦隆每次出牌都压您一头。您输得够多的了，对吧？根据我的推断，您是个输不起的人，您想对麦隆使点儿坏，报复一下！
可笑！好吧……我承认我很喜欢赢。但是像我这样诚实的人可不会堕落到偷东西的地步！话说回来，我很高兴自己没再多玩一局……

啊！您承认了！
我敢肯定，您把麦隆先生的帽子藏在您的帽子里了！
来吧，摘下您的帽子！
您是疯了吧！
好样儿的，福尔摩斯，您发现了我的作弊助手。您满意啦？
您刚才说什么来着，诚实的人？
我承认，我刚才想借助我的助手作弊来着，但那是为了保住我桥牌冠军的称号……我跟丢帽子这事儿一点关系都没有！

这里面的确没有帽子。
好吧，根据我的下一个假设……
我能插一句吗？
我觉得福尔摩斯先生提出了很多错误的指控。如果罪魁祸首是他呢？
啊啊啊！
这就能解释为什么他背上有个鼓包了，帽子就在他外套下面，藏得可不怎么好啊。
啊啊啊啊啊啊啊啊！
嘘，我以为没人会发现。

亲爱的，您太厉害了。干得漂亮！
可是，福尔摩斯！为什么呀？
很简单，我的朋友们……
我们的聚会太无聊了！
我们喝茶一喝就是几个小时，然后就是聊钱！哎哟喂！
然后，我们吃的晚餐超级讲究、超级复杂。我没法再忍下去了！呃！
到了最后，我们玩桥牌，这就跟150岁的老古董一样，无聊至极。

我不过是想做点什么让聚会变得更有意思，你们明白吗？
嗯。我承认我们的聚会需要稍作改进。下周不喝茶了，看功夫片怎么样？
终于有人说出来了！我负责带比萨！
我来负责搞定组合音响！终于可以狂欢一回啦！
打倒桥牌，我把我的游戏机带来！哇！
福尔摩斯万岁！
等一下，意思是我失业了？我……
完

让·保罗·库蒂尔访谈

文本与绘图：纪尧姆·佩罗

让·保罗·库蒂尔是《夏洛克·福尔摩斯和麦隆案》中菲兹的扮演者，他在家中接受了乔治的采访。

和大家一起拍摄这个故事感觉如何？

让·保罗 非常复杂！比如扮演碧碧夫人的玛格丽特，她每个小时都要求茶歇，所以拍摄总是很晚才能结束！至于扮演斯泰松先生的罗贝尔，他在拍摄间隙嘴里总是塞满了糖果和巧克力……太能吃了！最后还有约翰，就是这个故事里的麦隆先生，他总是忘记自己的台词，但他非常有魅力，所以剧组决定留下他。幸运的是，扮演福尔摩斯的帕特里克是一位出色的演员，他成功地提高了这部剧的整体水准！

最初邀请您扮演的是斯泰松的角色，这是真的吗？

让·保罗 是的，的确如此。但考虑到我的身高和角色戴帽子的高度，要把我完整地拍进画面中很困难。而且说实话，在整个拍摄过程中头上都顶着个小人儿，那肯定会不舒服！我对菲兹这个角色相当满意。

您扮演的人物似乎很注重礼仪。您在现实生活中也是这样吗？

让·保罗 在现实生活中，我是一名帽子模特。总有人说我有个为帽子而生的头型。在时尚界，有礼貌和良好的教养是非常重要的，否则没有人会愿意跟你合作。

我都不知道您是时尚界的……是什么让您想在这部剧里扮演角色呢？

让·保罗 我一直都对表演感兴趣。我这么英俊，你不难理解为什么所有的时尚杂志和高级时装秀都想找我吧！这部剧的导演佩罗先生，在一个礼帽广告中注意到了我，并邀请我参演。我立马就答应了！另外，福尔摩斯是我年轻时真正的偶像，我无法拒绝参与这部剧！

您未来有什么计划呢？

让·保罗 凭借这个故事，我希望能在好莱坞得到关注。我想成为第一个戴帽子的詹姆斯·邦德，或者牛仔，其实，我想演一个不戴帽子的角色，但要有头饰！

邦比和高里

两顶帽子

文本与绘图：玛丽·诺维昂

我超喜欢踢踏舞！
1，2，3，4！
嗒嗒
嗒嗒
啊啊啊！
好了，我们开始吧！
咔嗒
呜呼！
啪啪
嘿嘿！
咔嗒
咔嗒
咔嗒
哇哦！
扭起来！
咔嗒
咔嗒
咔嗒
嘭嘭！
嗒嗒！
咔嗒
咔嗒
咔嗒
哟哟哟！
乒乒乒！
咔嗒
咔嗒
踢踏舞真是让人陶醉啊！
啪啪
我都跳得停不下来了！
我们可以进行一次表演！
我们只差打上领结了！
我们不应该跳出个节奏来吗？
啊，是吗？
完

真实的故事

查理·卓别林

文本：艾拉·库唐斯 绘图：西蒙·巴伊

查理·卓别林（1889—1977）是一名演员、导演和音乐家，凭借其塑造的角色夏尔洛成为电影界最著名的人物之一。

查理·卓别林成长在英国一个非常贫穷的家庭。他的母亲是一名歌手，独自抚养他长大。

5岁时，他第一次登上舞台。他的表演非常成功——卓别林非常善于逗人笑！

后来，他去了美国，被聘为演员。

有一天，他创造了夏尔洛这个角色。

夏尔洛是个心地善良的可怜流浪汉，他众多的冒险经历都让人捧腹大笑。

美洲
欧洲
亚洲
非洲
大洋洲
那个年代的电影是默片，因此全世界的观众都能看得懂！卓别林成了国际巨星。
于是，查理·卓别林通过自己的电影来传递信息、谴责不公……
在《摩登时代》（*Modern Times*）中，他幽默地抨击了工厂流水线工作的残酷状况。
1940年，他通过模仿纳粹独裁者阿道夫·希特勒，对其进行了嘲笑和讥讽……
我们所有人都拥有美丽自由的生活，但我们遗忘了这种生活。
甚至还在片中发表了和平演说。这部名为《大独裁者》（*The Great Dictator*）的电影取得了巨大的成功，它提醒全世界的人们必须捍卫民主。
查理·卓别林于1977年去世，他一生拍摄了80多部电影。
而夏尔洛将继续让我们为之感动并开怀大笑。

■ 游戏1 ■

对帽入座

绘图：海蒂·克拉克

下页是乔治在旅行时拍摄的一些人物照片。

A 将以下乔治的文字描述与人物照片进行匹配。

a. 伊丽莎 / 秘鲁

伊丽莎头戴圆顶小礼帽。这种帽子是南美洲印第安人传统服饰的一部分。

______号照片

b. 玛蒂娜 / 德国

这天是一个村庄的节日，玛蒂娜戴上了一顶红绒球帽。

______号照片

c. 明轩 / 越南

她的帽子形似圆锥，叫作斗笠。

______号照片

d. 彼得 / 英国

彼得是一名伦敦的卫兵。你猜到哪张照片是他了吗？

______号照片

e. 苏赫 / 蒙古国

帽子的顶部有一个尖，苏赫告诉我这是战士戴的帽子。

______号照片

f. 皮奥特 / 俄罗斯

在我给戴着无檐帽的皮奥特拍下这张照片时，莫斯科的气温是零下10摄氏度！

______号照片

g. 阿西姆 / 印度

阿西姆的头巾帽有9米长！而且他有时还把头巾帽用作毯子、绳子或枕头。

______号照片

h. 奥黛丽 / 法国马提尼克

奥黛丽将一条格纹围巾系成了她的头饰。

______号照片

i. 法勒斯 / 突尼斯

法勒斯头戴一顶毡帽。这种红色毡帽是突尼斯的国帽。

______号照片

B 为什么世界各地的人都会戴帽子呢？

1. 因为帽子可以抵御恶劣的天气：骄阳、雨水、寒冷…… □正确 □错误
2. 因为不戴帽子我们的头发就会受伤。 □正确 □错误
3. 因为帽子是某些传统的一部分。 □正确 □错误
4. 因为帽子很漂亮。 □正确 □错误
5. 为了让帽子压住脑袋。 □正确 □错误

C 其中一个人的帽子下面藏了一只小鸟……通过下面3条线索找出这个人。

1. 这个人是个女孩。 2. 这个人没有闭眼睛。 3. 这个人的帽子是深色的。

这个人是 ______________________________

1

2

3

4

5

6

7

8

9

■ 游戏2 ■

茶歇

绘图：马尔·赫尔南德斯

乔治很喜欢反复读《爱丽丝梦游仙境》。奇怪的是，他经常觉得这本书里的画面会变……

A 这两幅图实际上有12处不同。你能找到这些不同之处吗？

B 图中最右边的人物机灵古怪、直率坦诚，擅长制帽与剪裁，你知道他是谁吗？

C

这个人物很奇怪，他是那种在聊天时会唱出诗歌的人。给下面的文字排排序，帮他继续唱下去。

三 • 尺 • 流 • 下 • 千 • 飞 • 直

___ ___ 2 ___ ___ 1 3

■ **游戏3** ■

一应俱全

绘图：斯特凡妮·拉纳

全世界有好多种帽子！乔治很难了解所有的帽子……

A 下面列出了15种帽子的名称，在其右侧文字中找到这些帽子的名称，并圈出来。注意！名称的组合方向可以是任何方向。

- 贝雷帽
- 双角帽
- 渔夫帽
- 软帽
- 博尔萨利诺帽
- 阔檐帽
- 平顶草帽
- 棒球帽
- 飞行帽
- 折叠式高顶礼帽
- 钟形帽
- 法国平顶军帽
- 圆顶小礼帽
- 巴拿马帽
- 墨西哥帽

排	中	有	贝	雷	帽	刘	常	记	偶	碰	双	角	帽	还	好
各	松	对	猫	黄	礼	比	新	书	少	多	彩	热	和	都	可
呀	洗	是	看	王	顶	梦	叫	闪	蓝	录	套	李	朋	法	谷
棒	面	更	谁	山	高	奖	给	平	顶	草	帽	长	短	国	她
球	猴	字	喵	白	式	衣	全	哭	完	到	行	亮	讲	平	页
帽	故	想	面	也	叠	到	给	读	书	场	飞	车	鸡	顶	版
纸	跳	目	数	画	折	吴	小	怕	调	来	人	去	洗	军	想
组	走	怕	人	吵	穿	船	礼	春	夏	对	错	学	叶	帽	软
月	日	审	体	墨	西	哥	帽	元	来	求	肚	草	云	檐	桥
把	圆	吗	果	才	菜	美	注	诺	摔	可	奥	爱	大	阔	笑
里	外	顶	一	体	送	在	女	和	利	鱼	天	花	火	目	金
水	篇	肚	小	牛	样	云	多	没	贵	萨	偏	远	字	艺	术
爷	奶	老	舅	礼	妈	驴	北	女	扔	龙	尔	布	电	孔	仙
代	仆	达	渔	夫	帽	日	月	钟	天	难	敌	博	阳	阴	了
乐	音	反	正	木	川	分	为	形	什	生	刀	接	南	节	气
布	水	方	套	巧	克	力	饼	帽	马	拿	巴	古	旧	以	可

B 这家商店的招牌上写的是上述清单中的一种帽子名，不过，招牌上的字被弄乱了顺序，你能对照清单，查出帽子的名称吗？

游戏4

叮！手工时间到了！

设计者：曼斯和鲁

小朋友们，
一起来动手玩一玩吧！

纸玩具：夏尔洛和他的手工纸帽

在阅读本书中《真实的故事》时，你一定发现了一些关于查理·卓别林及其扮演的著名角色夏尔洛的信息。瞧，他们在这儿呢，夏尔洛和他的纸帽子！

所需材料：

剪刀和胶水。

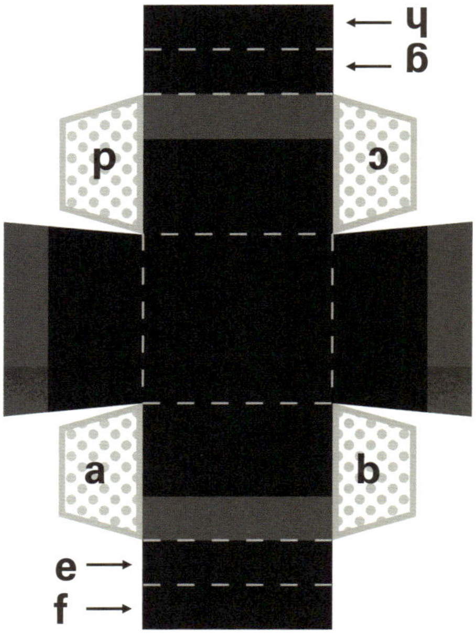

操作说明：

A. 剪下下页的夏尔洛纸模。

B. 沿虚线折叠人物的4个面。

C. 折叠粘贴片a、b、c和d。

D. 在粘贴片a和d上涂抹胶水，并将夏尔洛的右侧边粘在上面。

E. 在粘贴片b和c上涂抹胶水，并将夏尔洛的左侧边粘在上面。

F. 剪下本页右边的帽子纸模。

G. 在箭头指示的e部分的背面写上字母e。对f、g和h部分进行同样的操作。

H. 沿虚线折叠f部分，涂上胶水并粘在e部分上。

I. 对g和h部分进行同样的操作。

J. 折叠粘贴片a、b、c和d。

K. 在粘贴片a和d上涂抹胶水，并将帽子的一边粘在上面。

L. 在粘贴片b和c上涂抹胶水，并将帽子的另一边粘在上面。

M. 立起帽子的边缘，把帽子戴在夏尔洛的头上。表演可以开始啦！

a
b

小朋友们，

继续游戏吧！

■ 游戏5 ■

帽子群像

绘图：斯特凡妮 · 拉纳

以下是本书的封面人物，但他们都没有属于自己的帽子……

A 他们想改变自己的风格，那么就由你来给他们画上新的帽子吧！

■ 游戏6 ■

乱戴帽子

绘图：丹·伍杰

有的人在工作时需要戴帽子。但在这张照片中，他们好像交换了帽子！

A 找出哪些人互相交换了帽子。

大厨	棒球运动员
圣诞老人	工人
女警	皇后
消防员	医生
牛仔	绅士
邮递员	女巫
船长	拿破仑

B 下面5张细节图中只有1张来自照片。是哪一张呢？

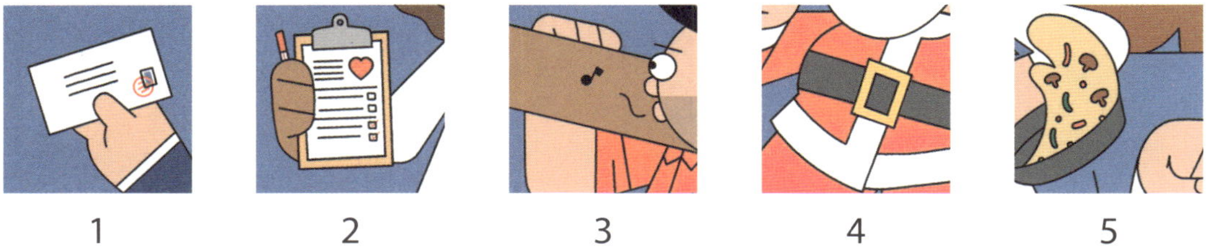

■ 游戏7 ■

高帽变低帽

绘图：伊克尔 · 艾斯塔兰

在19世纪，男人喜欢戴高顶礼帽。这种帽子的问题是不便于收纳……于是，一种折叠式帽子应运而生！乔治在一本很老的杂志上发现了下页这则“折叠式高顶礼帽”的广告。

A 乔治跟西蒙娜介绍了这个广告，但他可能有点夸大其词……请你判断下面乔治的描述哪些是“真实信息”，哪些是“夸大其词”。

乔治的描述	真实信息	夸大其词
a. 这是一则帽子的广告。		
b. 只需几秒钟就可以把这种帽子折叠起来！		
c. 一个身穿西服的男人戴着这种帽子。		
d. 这个男人毛发浓密、胡子拉碴。		
e. 在剧院里，他把帽子放在腿上。		
f. 这种帽子可以放进一个小口袋里！		
g. 你需要一个遥控器来展开帽子。		

B 那个年代流行戴高得不得了的帽子！按从低到高的顺序排列下面的帽子。

1 = ____ 2 = ____ 3 = ____ 4 = ____ 5 = ____ 6 = ____

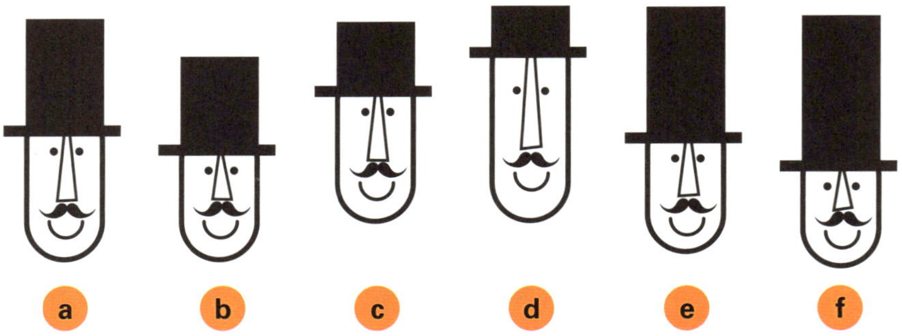

不想戴帽子出门，是不是因为收纳起来很麻烦？

赶快试试这顶折叠式高顶礼帽吧！

借助弹簧，这顶折叠式高顶礼帽可以压扁，占用更少的空间！

■ 职业万花筒 ■

帽子设计师

文本：樊尚 · 雅多 绘图：斯特凡妮 · 拉纳

那天风刮得很大，把乔治的帽子给吹走了。就在乔治抱怨帽子丢了的时候，一个朋友建议他去拜访帽子设计师玛丽昂 · 克莱芒。

你小时候的梦想职业是什么？

玛丽昂 画家！我小时候总是在画画。

长大以后呢？

玛丽昂 我从没放下过画笔，因为我学的是艺术和设计。

后来呢？

玛丽昂 只在平面的画纸上画画已经不能满足我了，我想在立体的东西上做文章，想用更多样的材料，比如木头。所以我决定重返学校，并拿到了高级细木工的证书。

但高级细木工不做帽子吧？

玛丽昂 是的，不做。木头做的帽子戴着会不舒服的。但有一天，我在找工作的时候偶然看到一则招聘广告：里昂河畔查泽勒斯的帽子博物馆要招一名制帽师。

但你是帽子设计师吗？

玛丽昂 不是！但他们很喜欢我的创意和高级细木工的专业技能。那些退了休的帽子设计师教给了我制作男士毡帽的诀窍。我还跟为女性设计帽子的设计师合作过。

通常情况下，毡头笔是用来绘画的，而不是用来做帽子的，是吗？

玛丽昂 我说的是羊毛毡，羊毛毡是用羊毛制成的。我们使用各种毡制帽胎，用湿布把这些帽胎包起来放置一整夜。第二天早上，我们把帽胎浸入一大锅沸水中，然后把帽胎放在木模上，给帽子定型。之后再添加配饰……这就是帽子设计师的工作。

再后来呢？

玛丽昂 我成立了自己的公司。我开始为客户制作帽子，比如为著名时装设计师制作帽子……最近，我开始为戏剧演员们制作配饰。这非常令人兴奋。

对于想从事你这种职业的孩子，你有什么建议吗？

玛丽昂 要充分发挥自己的想象力，不要惧怕投身其中，要不断尝试，不要气馁。

你经常戴帽子吗？

玛丽昂 是的，我总是戴一顶小礼帽（一种戴在头部一侧的小帽子，如下页图片所示），或在头上戴织物做的花。

西班牙语

绘图：斯特凡妮·拉纳

乔治知道英语中“sombrero”这个词指的是墨西哥人戴的一种帽檐很宽的帽子。但他不知道在西班牙语中，这个词也有“帽子”的意思……现在让我们来了解更多关于服饰的西班牙语词汇吧。

游戏

借助下页的图片，写出与下面所描述的服饰对应的西班牙语名称。

1. 一种在你裤子松了的时候很有用的配饰：_L __N____N
2. 处于脚和鞋之间：_O_ _A__E_____
3. 乔治觉得这件衣服很别致，但他不知道如何熨烫它：__ __MI__
4. 女士内裤：L__ _R___S
5. 很适合打网球时穿的鞋：__S _A__T__ _E __N__
6. 长款女装：_L __S_I__
7. 男士内裤：__ _E_B____
8. 这本书的主题：__ __M__E__
9. 这种蓝色帆布长裤非常受欢迎：__S __A_S
10. 女孩经常在夏天穿这种服装，但男孩从来不穿：__ F___A
11. 用毛线织成的上衣：__ _U___R
12. 有帽舌，这种帽子在艳阳天很实用：__ _OR__

LA ROPA = 服饰

EL SOMBRERO
帽子
LA CAMISETA
T恤
LA GORRA
棒球帽
LAS BRAGAS
女士内裤
EL RESBALÓN
男士内裤
LA CAMISA
衬衫
EL SUÉTER
毛衣
LA CORBATA
领带
EL VESTIDO
连衣裙
EL CINTURÓN
腰带
LOS PANTALONES
长裤
LA FALDA
短裙
LOS JEANS
牛仔裤
LOS ZAPATOS
皮鞋
LOS CALCETINES
袜子
LOS ZAPATOS DE TENIS
网球鞋

制作平顶帽

绘图：斯特凡妮 · 拉纳

材料：

- 1张大尺寸厚纸
- 黑纸条（57厘米 × 4厘米）
- 胶水
- 剪刀
- 裁纸刀

操作说明：

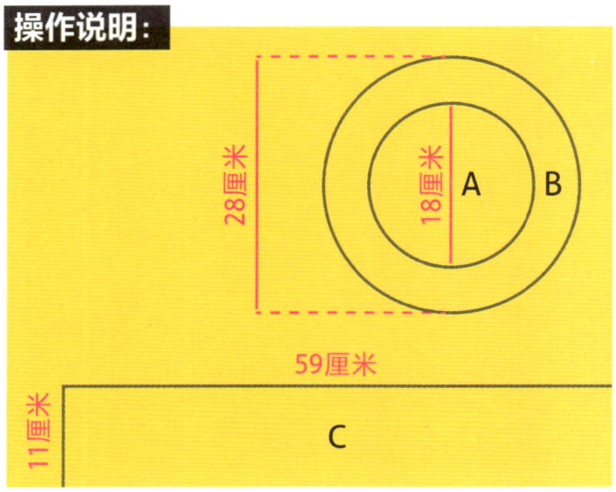

1 在纸上画出以下图形及线条：

A. 一个直径18厘米的圆。

B. 一个直径28厘米的圆（围绕圆A）。

C. 一个59厘米 × 11厘米的长方形。

2 参考右侧图形，请家长帮忙裁出圆A，然后裁出B部分和长方形C。

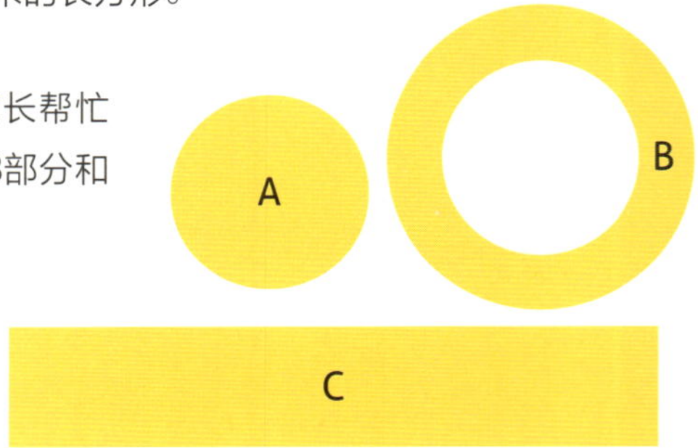

3 在长方形C的两条长边上各画一条距离边缘1厘米的直线。

4 剪刀与上述任一直线保持垂直，每隔约1厘米剪一下（剪至直线处）。在另一边进行同样的操作。

5 选一处短边，在距离边缘2.5厘米处画一条垂直线。在下图打叉的部分涂抹胶水，把另一端粘在上面。

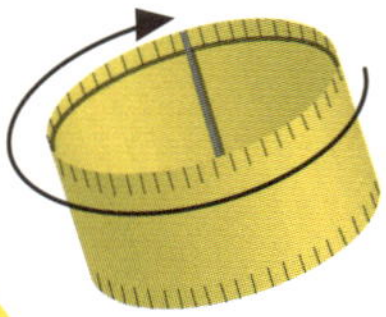

6 将所有顶部的“舌片”向内折叠，将所有底部的“舌片”向外折叠。

7 在底部的“舌片”上涂抹胶水，再将B部分粘在上面。

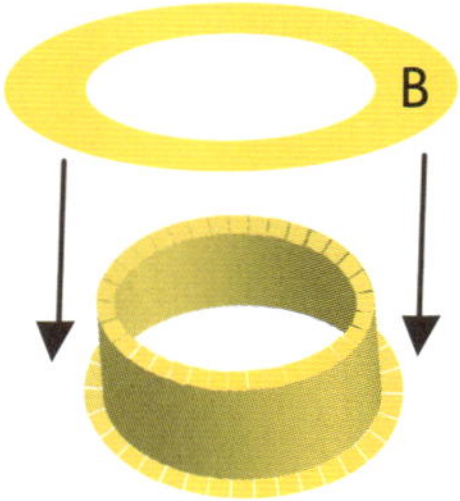

8 在顶部的“舌片”上涂抹胶水，把A部分粘在上面。

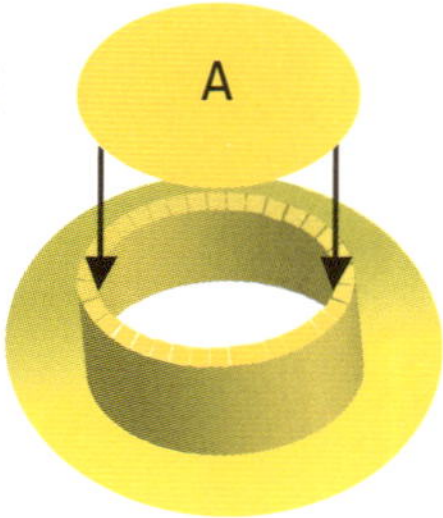

9 将一个57厘米 × 4厘米的黑色纸条围着帽子粘一圈。完工！

小读者们，有了这些说明，
你就可以制作一顶**平顶帽**了。

还可以制作**高顶礼帽**（将长方形C的
宽度增加10厘米就可以了）。

欢乐满人间

绘图：斯特凡妮·拉纳

《欢乐满人间》是一部由小说改编的音乐电影，由罗伯特·史蒂文森执导，1964年在美国上映。故事发生在1910年的伦敦。主角是玛丽·波平斯，一个拥有神奇力量的保姆。她负责照顾两个孩子——简·班克斯和迈克尔·班克斯，他们的父母十分忙碌。现在我们就来重温这一幕场景吧！

人物

- **玛丽·波平斯：**一位与众不同但要求严格的年轻女士。
- **简·班克斯和迈克尔·班克斯：**前者大约8岁，后者大约6岁。

场景

玛丽·波平斯刚到班克斯家。孩子们带她去她的房间，让她安顿下来。玛丽从小小的旅行包中拿出一些巨大的物品。孩子们感觉难以置信！

对话

简：这是您的房间。从这里可以看到公园的美景。

玛丽：（把包放在卧室的桌子上。）嗯……这虽然不是白金汉宫（她用手指摸了摸壁炉，看看有没有灰尘），但还算干净。啊……好的，我觉得这里是可以住的。（她摘下帽子。）只要把这儿，还有那儿稍微收拾一下就行了。好吧，现在先安顿下来。我一直都说帽子一定要挂在挂衣钩上。（她一边说，一边从包里拿出一个衣帽架，把帽子挂在了上面。她把衣帽架放在房间的一个角落里。孩子们很吃惊，直往她的包里看。）啊……（她看着墙上一面小镜子里的自己。）不行啊，这样可不行。（她回身从包里拿出一面大镜子。）我承认，我更喜欢一下子就能看到自己的整张脸。

迈克尔：（对他姐姐说）可包里什么也没有啊……

玛丽：永远不要以貌取人，即使是旅行包，我也一向能轻松搞定。（她现在正从包里拿出一株高大的植物。迈克尔钻到桌子下面查看一切是否正常。）我的孩子们，一株漂亮的植物是视觉的快乐之源。（她把植物放在柜子上。）嗯……可能还需要多一点光。（她回到包跟前，从里面拿出一盏落地灯。）

迈克尔：（轻声对姐姐说）你得好好盯住她。她是个怪怪的保姆。

简：她简直棒极了！

玛丽：这样就好多了。让我看看，还有呢。（她在包里翻找，拿出一双鞋、一面小镜子、一件外套……）奇怪了，我总是随身带着的。肯定在某个地方。

迈克尔：什么东西？

玛丽：我的卷尺。（她继续翻找。）

简：你要用它做什么？

玛丽：我想给你们测量一下。真是奇怪，我肯定它就在包里的。（她把头伸进包里。）找着了！好吧，你们过来。（她拿出卷尺，走到床边坐下。）很快的。抬起头来，迈克尔，站直了。（她给男孩测量。）我就说嘛，我之前就很肯定。（她看了看卷尺上的测量结果。）极其顽固和不听话。

迈克尔：不，我不是这样的！（简咯咯直笑。）

玛丽：你自己看吧。（她把卷尺递给迈克尔看。）

迈克尔：（他看了看卷尺上显示的内容。）极其顽固和不听话……

玛丽：轮到你了，简。（她测量了简，然后读出卷尺上的内容。）特别爱冷笑，不喜欢收拾东西。（迈克尔笑了。）

迈克尔：现在该您了。

玛丽：当然。拿好了。（简展开卷尺，玛丽读出了结果。）如我所料！玛丽·波平斯几乎在各方面都很完美！

简：玛丽·波平斯？如果这是您的名字的话，我觉得很好听。

玛丽：谢谢！我也觉得很好听。

先安顿下来。

游戏答案

这就是封面和封底的

7个不同之处:

游戏1 对帽入座

A. a. 伊丽莎：3号照片。 b. 玛蒂娜：5号照片。 c. 明轩：7号照片。 d. 彼得：8号照片。e. 苏赫：9号照片。f. 皮奥特：4号照片。 g. 阿西姆：6号照片。 h. 奥黛丽：1号照片。i. 法勒斯：2号照片。

B. 1：正确。2：错误。3：正确。4：正确。5：错误。

C. 伊丽莎。

游戏2 茶歇

A. 见右图。

B. 疯帽子。

C. 1：飞。2：流。3：直。4：下。5：三。6：千。7：尺。

游戏3 一应俱全

A. 见下图。

排	中	有	贝	雷	帽	刘	常	记	偶	碰	双	角	帽	还	好
各	松	对	猫	黄	礼	比	新	书	少	多	彩	热	和	都	可
呀	洗	是	看	王	顶	梦	叫	闪	蓝	录	套	李	朋	法	谷
棒	面	更	谁	山	高	奖	给	平	顶	草	帽	长	短	国	她
球	猴	字	喵	白	式	衣	全	哭	完	到	行	亮	讲	平	页
帽	故	想	面	也	叠	到	给	读	书	场	飞	车	鸡	顶	版
纸	跳	目	数	画	折	吴	小	怕	调	来	人	去	洗	军	想
组	走	怕	人	吵	穿	船	礼	春	夏	对	错	学	叶	帽	软
月	日	审	体	墨	西	哥	帽	元	来	求	肚	草	云	檐	桥
把	圆	吗	果	才	菜	美	注	诺	摔	可	奥	爱	大	阔	笑
里	外	顶	一	体	送	在	女	和	利	鱼	天	花	火	目	金
水	篇	肚	小	牛	样	云	多	没	贵	萨	偏	远	字	艺	术
爷	奶	老	舅	礼	妈	驴	北	女	扔	龙	尔	布	电	孔	仙
代	仆	达	渔	夫	帽	日	月	钟	天	难	敌	博	阳	阴	了
乐	音	反	正	木	川	分	为	形	什	生	刀	接	南	节	气
布	水	方	套	巧	克	力	饼	帽	马	拿	巴	古	旧	以	可

B. 博尔萨利诺帽。

游戏6 乱戴帽子

A. 互换帽子的有：大厨和拿破仑；圣诞老人和皇后；女警和女巫；消防员和绅士；牛仔和医生；邮递员和工人；船长和棒球运动员。

B. 是5号。

游戏7 高帽变低帽

A. 真实信息：a，c，e。夸大其词：b，d，f，g。

B. 1 = d, 2 = c, 3 = b, 4 = a, 5 = e, 6 = f。

语言研究所 西班牙语

1. EL CINTURÓN
2. LOS CALCETINES
3. LA CAMISA
4. LAS BRAGAS
5. LOS ZAPATOS DE TENIS
6. EL VESTIDO
7. EL RESBALÓN
8. EL SOMBRERO
9. LOS JEANS
10. LA FALDA
11. EL SUÉTER
12. LA GORRA